Armin Täubner

Transparenter
Fensterschmuck

Der Reiz des transparenten Fensterschmucks ist in der Leuchtkraft der Transparent- und Seidenpapiere begründet. Der Karton tritt im allgemeinen – wie bei bleiverglasten Fenstern das Blei – hinter den Farbflächen zurück.
Diese Fensterbilder leuchten im Licht, sie vermitteln Wärme und Atmosphäre, und beim Blick durchs Fenster lassen sie behagliche Wohnlichkeit ahnen.
Dieser Effekt läßt sich dann erzielen, wenn hinter das Bild, oder wie bei den Laternen, in das Bild hinein das Licht gestellt wird. Beleuchteter Fensterschmuck auf der Fensterbank ist ein Ausdruck von Harmonie und Fröhlichkeit.
Empfänglich für die Wärme und Atmosphäre solcher Bilder und Sterne sind wir besonders in den Wintermonaten und in der Vorweihnachtszeit. Das findet in den Motiven seinen Niederschlag.

Armin Täubner

ISBN 3-7724-1240-8 · Best.-Nr. 1240 · © Copyright 1988 by Frech

1. 2. 3. 4. 5. Auflage
Erste Zahl maßgebend

frech-verlag

Jahr: 1992 91 90 89 88
Letzte Zahl maßgebend

Printed in Western Germany · Druck: Frech, Stuttgart-Weilimdorf

Material

Für transparente Fensterbilder und Laternen benötigen Sie dunklen Foto- oder Tonkarton. Da er im Gegenlicht sowieso schwarz aussieht, egal ob er nun braun, rot, blau oder grün ist, wird vorwiegend mit schwarzem Karton gearbeitet. Bei hellem Karton würden die Schnittränder und Klebstoffspuren des hinterklebten Transparentpapiers im Gegenlicht sichtbar werden.

Transparentpapiere

Sie sind in vielen Farben als Einzelbögen, als Blocks oder in Mappen erhältlich; sie sind auch robuster und leichter zu verarbeiten als das feinere **Seidenpapier**, das ebenfalls verwendet werden kann.
Sie kommen mit wenigen Farben aus, denn durch Übereinanderkleben der Papiere entstehen neue, etwas dunklere Farben oder Mischtöne.

Das Abpausen und Übertragen des Motivs auf Karton

Auf das ausgewählte Motiv auf dem Vorlagenbogen kleben Sie mit Klebefilm einen Bogen **weißes Transparentpapier** der entsprechenden Größe und ziehen die Konturen mit Bleistift nach. Gerade Linien und Kreise korrigieren Sie mit Lineal und Zirkel.

Nun haben Sie zwei Möglichkeiten. Sie legen dieses Transparentpapier direkt auf den Karton und ziehen die Linien mit Kugelschreiber nach. Wieviel Druck notwendig ist, bis das Motiv gut sichtbar ist, probieren Sie auf einem kleinen Probestück aus.

Wollen Sie das Transparentpapier mehrmals verwenden, kaufen Sie einige Bogen Schneider-Kopierpapier. Dieses Papier ist in den Farben Weiß, Gelb und Orange erhältlich und hebt sich, im Gegensatz zum Kohle- oder Blaupapier, sehr gut vom dunklen Karton ab. Es wird, mit der beschichteten Seite nach unten, zwischen das Transparentpapier und den schwarzen Karton gelegt. Damit das Transparentpapier nicht verrutschen kann, wird es mit Büroklammern oder Klebefilm fixiert.

Nun ziehen Sie die Bleistiftkonturen auf dem Transparentpapier mit einem Farbstift oder einem Kugelschreiber nach. Dadurch wissen Sie stets, welche Linien Sie bereits gezeichnet haben. Begonnen wird mit dem Rand, der meist mit Zirkel oder Lineal nachgezeichnet wird. Es folgt das Motiv, das Sie Figur für Figur nachziehen.

Das Aus- und Herausschneiden des Motivs

Mit einer Schere schneiden Sie das Motiv grob aus. Das exakte Ausschneiden erfolgt mit einem **Papiermesser**, das auch als **Cutter** oder **Bastelmesser** bezeichnet wird. Dieses Messer hat eine verschiebbare Klinge. Ist die Spitze, mit der ausschließlich geschnitten wird, stumpf, wird sie einfach abgebrochen und die Klinge nachgeschoben.
Als **Schneidunterlage** dient ein **dicker Karton**. Das Messer wird wie ein Stift gehalten.

Beginnen Sie mit dem Herausschneiden der kleinsten Flächen. Beim Schneiden das Motiv stets so drehen, daß Sie die beste Schneideposition haben.
Achten Sie darauf, daß die schwarzen Verbindungsstege nicht zu schmal oder gar durchtrennt werden. Es kann natürlich vorkommen, daß Sie zuviel wegschneiden. In diesem Fall sollten Sie dann auf der anderen Seite des Steges etwas weniger wegschneiden und so einen Ausgleich schaffen. Sehr schmale Stege können beim späteren Bekleben mit buntem Transparentpapier Schwierigkeiten bereiten.

Die großen Flächen werden ebenfalls mit dem Messer, teilweise auch mit einer kleinen, spitzen Schere behutsam herausgeschnitten. Erst zum Schluß wird der äußere Rand mit der Schere sauber nachgeschnitten. Vergleichen Sie nach dem Ausschneiden beide Seiten. Die schönere Seite wird die Vorderseite.

Das Hinterkleben mit Transparentpapier

Legen Sie Transparentpapier der gewünschten Farbe auf die betreffende Stelle des Motivs. Mit einem schwarzen Filzstift markieren Sie den Umriß. Dabei sollten die umgebenden Kartonstege etwa zur Hälfte mit Transparentpapier bedeckt sein.

Für das Ausschneiden der Transparentpapierflächen eignet sich eine mittelgroße Schere am besten. Beim Aufkleben der Transparentpapiere beginnen Sie mit den größten Flächen. Sollte dennoch der Rand eines Transparentpapiers bis ins danebenliegende Feld reichen, wird er entweder mit dem Messer unter leichtem Druck oder mit der Nagelschere abgeschnitten.

Als Klebstoff eignet sich UHU Alleskleber sehr gut. Wegen der oft schmalen Kartonstege nehmen Sie am besten eine kleine Tube oder Flasche mit spitzer Tülle. Der Klebstoff muß zügig aufgebracht werden, damit er nicht stellenweise bereits angetrocknet ist, bevor Sie das Transparentpapier aufgelegt haben. An Stellen, an denen noch Klebstoff fehlt, bzw. an denen er vorzeitig angetrocknet ist, kann nachträglich mit einem schmalen Kartonstreifen etwas Klebstoff aufgetragen werden.

Große zusammenhängende Flächen aus Transparentpapier sollten, sofern es das Motiv zuläßt, in mehrere kleine Flächen aufgeteilt werden. Denn ist erst einmal der Klebstoff aufgestrichen, wird es sehr schwer, das Transparentpapier beim ersten Versuch exakt aufzulegen. Jeder weitere Versuch hat zur Folge, daß das Papier mit Klebstoff beschmiert wird. Sind große Flächen dennoch unumgänglich, dann gehen Sie folgendermaßen vor:

Sie legen das Transparentpapierstück paßgenau auf das Motiv und halten es an einer Seite fest. Nun heben Sie das gegenüberliegende Ende des Transparentpapiers an, streichen auf die Stege Klebstoff und drücken das Papier an. Diese Seite ist jetzt fixiert, so daß die andere, zuvor mit der Hand festgehaltene Seite, ebenfalls angehoben und mit Klebstoff befestigt werden kann.

Klebstoffflecken auf dem Transparentpapier lassen sich nicht immer vermeiden. Sie können meistens, solange der Klebstoff noch nicht vollständig aufgetrocknet ist, behutsam mit dem Messer abgeschabt werden. Manchmal eignet sich auch ein Radiergummi. Oft ist es jedoch einfacher, die betreffende Transparentpapierfläche vorsichtig zu entfernen und durch eine andere zu ersetzen.

Sternenpaar ▷

Beide Sterne sind aus demselben Kartonstück entstanden. Sie sind aus schmalen, sechseckigen Rahmen aufgebaut. Die herausgeschnittenen Zwischenräume der einzelnen Sechseckrahmen des ersten Sterns bilden den anderen Stern.

Für die Hinterklebung wird das farbige Transparentpapier auf die Schnittvorlage gelegt und der gewünschte Umriß einschließlich Klebesaum mit schwarzem Filzstift aufgezeichnet und ausgeschnitten. Sind die benötigten Farbflächen ausgeschnitten, werden sie ineinander auf die Schnittvorlage gelegt. Die Ränder überschneiden sich einige Millimeter. Nun werden die schmalen dunklen Kartonsterne auf der Rückseite mit Klebstoff bestrichen und von der Mitte nach außen aufgeklebt.

Der Stern mit den größeren Transparentpapierzwischenräumen kann noch mit kleinen Kartonsternen beklebt werden.

Sternanhänger

Sowohl beim Abpausen auf das Transparentpapier als auch beim Übertragen auf Karton werden die Zacken der Sterne mit dem Lineal nachgezogen. Mit dem Zirkel im Mittelpunkt einstechen und einen bzw. zwei Kreise für den Anhängerrahmen schlagen.

Die Sterne werden mit dem Messer herausgeschnitten.

Ist ein kleiner Mittelstern vorhanden, wird dieser zunächst hinterklebt. Mit derselben oder einer passenden hellen Farbe die gesamte Rückseite bekleben.

Frühlingslandschaft

Im Gegensatz zu den übrigen Bildern des Buches besteht hier der Rahmen aus hellgrauem Karton. Anstelle von Transparentpapier wird Seidenpapier verwendet, das bei den dunklen Grüntönen doppelt aufeinandergeklebt wird.

Bei Gegenlicht sind die Schnittränder und die Überschneidungen des Seidenpapiers deutlich sichtbar. Mit seinen leuchtenden Farben eignet sich das Bild auch als Wandschmuck hervorragend.

Rosa-violettes Sternornament

Beim Übertragen auf den Karton darf der Mittelpunkt nicht fehlen.

Nachdem die Zacken und die Strahlen des Sterns aufgezeichnet sind, wird mit dem Zirkel ein Kreis mit einem Radius von 10,8 cm um den Mittelpunkt geschlagen.

Mit der Schere die Kreisscheibe herausschneiden. Für das Herausarbeiten der Sternzacken ist das Messer notwendig.

Für die Hinterklebung wird Transparentpapier in Rosa und Violett benötigt. Durch das stellenweise Übereinanderkleben derselben Farbe entsteht ein neuer, etwas dunklerer Farbton. Der Mittelstern wird zunächst violett hinterklebt. Auf jede zweite Zacke einfach nochmal dieselbe Farbe kleben. Beim äußeren, rosafarbenen Zackenkranz geht man genauso vor. Hier werden die pfeilförmigen Spitzen doppelt mit Rosa hinterklebt.

Laterne, Laterne – Sonne, Mond und Sterne …

Jede der vier Seiten hat an einer Längs- und an einer Breitseite einen schmalen Streifen, der durch eine gestrichelte Linie markiert ist. Diese Linien mit schwarzem Kugelschreiber und Lineal kräftig nachziehen. Direkt an diese Linie wird nun die Linealkante fest angedrückt und der Seitenstreifen Zentimeter um Zentimeter umgeklappt.
Mit dem Messer werden die Sterne von den Spitzen zur Mitte hin herausgeschnitten. Die vier Seiten jeweils ganzflächig mit gelbem Transparentpapier hinterkleben. Sind alle vier Seiten fertig, werden die Seitenstreifen an den Längsseiten mit Klebstoff bestrichen und so die Laterne zusammengeklebt. Sie hat keinen Boden und kann auf eine Kerze oder ein Teelicht gestellt werden.
Wenn die Laterne aufgehängt werden soll, muß noch ein quadratischer Boden ausgeschnitten und von unten aufgeklebt werden. Am oberen Rand werden dann mittig an zwei einander gegenüberliegenden Seiten zwei Löcher eingestochen. In diesen beiden Löchern wird ein in der Mitte abgeknicktes Drahtstück mit nach oben schauenden Enden verankert.

Landschaft unterm Sternenhimmel

Die Sterne werden sowohl beim Abpausen auf Transparentpapier als auch beim Übertragen auf Karton mit dem Lineal nachgezeichnet.
Sie werden mit dem Messer von den Sternspitzen zur Mitte hin ausgeschnitten. See- und Bergkette ebenfalls mit dem Messer ausschneiden. Aus einem Kartonrest werden die Segelschiffe herausgearbeitet.

Den gesamten Sternenhimmel mit gelbem Transparentpapier hinterkleben. Für die Bergkette braunes und für den See blaues Transparentpapier anbringen. Abschließend alle drei Schiffe von vorne auf dem See fixieren.

Das kleine Aquarium

Nach dem Übertragen des Motivs auf Karton mit Lineal und schwarzem Kugelschreiber die beiden gestrichelten Linien kräftig nachziehen und umschlagen. Die beiden so entstandenen Seitenflügel nun wieder aufklappen.
Beim Ausschneiden mit den Innenflächen der Fische beginnen. Danach folgen die äußeren Konturen der Fische und die restlichen Flächen zwischen den Zweigen der Wasserpflanzen.
Die blauen Flächen zuerst hinterkleben. Dabei wird die gesamte blaue Fläche in fünf oder sechs Farbflächen unterteilt, die jeweils durch die dunklen Kartonstege eingegrenzt werden. Die gelben und orangefarbenen Fischflächen jeweils als ein Stück ausschneiden und aufkleben. Aus einem Kartonrest werden mit dem Locher die Fischaugen ausgestanzt und anschließend aufgeklebt.

Am Futterhäuschen

Beim Herausschneiden mit den weißen Flächen beginnen. Es folgen der untere Teil des Häuschens und die Vögel. Erst dann das umgebende Astwerk ausschneiden. Teilweise kann auch die Schere zu Hilfe genommen werden. Die Augen der Vögel mit der Lochzange ausstanzen. Den blauen Hintergrund in mehrere kleinere Farbflächen unterteilen und aufkleben. Mit weißem Transparentpapier die restlichen Flächen hinterkleben.

Kleine Anhänger

◁ Bei diesen Anhängern müssen vor allem die Rahmen sehr exakt übertragen werden. Auf dem Karton werden die runden und die bogenförmigen Rahmen mit Zirkel, Lineal und Bleistift nachgezeichnet.
Die Rahmen zunächst nur grob ausschneiden. Mit dem Messer die Innenflächen herausarbeiten. Den Tannenbaum und die Kerze mit der Schere ausschneiden, für das Flammeninnere das Messer verwenden. Mit der Lochzange das Vogelauge ausstanzen.
Die schwarzen Rahmen mit farbigem Transparentpapier hinterkleben.
Bevor die Kerze im Rahmen fixiert wird, von hinten gelbes Transparentpapier auf die Flamme kleben.

Engel am Nachthimmel

Nach dem Herausschneiden der verschiedenen Formen, die Sterne und den Mond gelb hinterkleben. Mit weißem Transparentpapier die gesamte Rückseite bekleben.

Die Heilige Familie

Die Heilige Familie

Beim Ausschneiden mit dem Kind in der Krippe beginnen; dann kommen Maria und Josef daran. Die schmalen Heiligenscheine sind schwer auszuschneiden und können auch getrennt ausgeschnitten und aufgeklebt werden. Dabei zuerst mit dem Messer die Innenfläche herausarbeiten. Mit der Schere die Außenseite ausschneiden. Auf die schwarze Begrenzung des Heiligenscheines kann auch ganz verzichtet werden.
Die Heiligenscheine, die Laterne und den Stern mit gelbem Transparentpapier hinterkleben. Abschließend die Bildrückseite mit weißem Transparentpapier bekleben. Dazu das Transparentpapier paßgenau auflegen, auf einer Seite am Rand festhalten, die andere Seite hochschlagen, hier den Karton mit Klebstoff bestreichen und das Transparentpapier andrücken. Nun die andere Seite, die bisher mit der Hand festgehalten wurde, ankleben.

Adventslicht

Dieses Kerzenmotiv kann entweder aufgehängt oder dreifach ausgeschnitten und aufgesellt werden.
Die Flächen des Motivs in dieser Reihenfolge herausschneiden: Flamme, Kerzenschein, Kerze, Kerzenständer, oberer Rahmen, unterer Rahmen.
Die brennende Kerze samt Kerzenhalter rot, gelb und orange hinterkleben. Das weiße Transparentpapier durchgehend hinter die ganze Bildfläche kleben.
Mit Lineal und Messer oder schwarzem Kugelschreiber zwischen den drei Kerzen zwei senkrechte Linien einritzen bzw. eindrücken. Zum Umklappen der Seitenflügel das Lineal direkt an die Linie anlegen und behutsam Zentimeter um Zentimeter umschlagen.

Sternen-Ornament

Beim Übertragen des Ornamentes auf Transparentpapier den Mittelpunkt mit dem Zirkel einstechen. Der Kreis braucht hier nicht aufgezeichnet zu werden. Beim Übertragen auf den Karton ebenfalls den Mittelpunkt einstechen. Nachdem das Ornament aufgezeichnet ist, das Transparentpapier und das Schneider-Kopierpapier entfernen. Nun mit dem Zirkel den Kreis schlagen (Radius 15,7 cm). Mit dem Messer das Ornament herausschneiden. Der kleine Mittelstern kann auch mit der Schere ausgeschnitten werden.

Für das Hinterkleben wird Transparentpapier in den Farben Rot, Orange und Gelb benötigt. Den roten Mittelstern als ein Teil, die orangefarbenen und gelben Sternspitzen jeweils achtmal ausschneiden. Beim Aufkleben in der Mitte beginnen. Abschließend den kleinen Mittelstern aufkleben.

Draußen vom Walde komm' ich her

Das Motiv mit Transparentpapier auf Karton übertragen. Beim Sternenhimmel genügt es, wenn ein Stern auf ein gesondertes Kartonstück übertragen und exakt ausgeschnitten wird.

Diesen Stern einfach mehrmals auf den Kartonhimmel legen und mit Bleistift umfahren. Zuerst die Sterne, dann den Weihnachtsmann, den Sack, den Baum und schließlich den blauen Himmel mit dem Messer ausschneiden.
Beim Hinterkleben mit den großen Flächen beginnen.

Kerzenzauber

Nach dem Übertragen des Motivs auf Karton die Umklapplinien der beiden Seitenflüggel mit Lineal und schwarzem Kugelschreiber kräftig nachziehen. Die Seitenflügel probeweise umschlagen.
Mit dem Messer zunächst die Kerzen samt der Flamme ausschneiden. Anschließend die blauen und die gelben Bodenflächen herausschneiden.
Beim Hinterkleben mit den großen blauen und gelben Flächen beginnen. Bei den Kerzen ist es ratsam das rote Transparentpapier jeweils nur für eine Kerze oder ein Kerzenpaar auszuschneiden und aufzukleben.

Erste Blütenbesucher

Den Rahmen außen und innen mit Bleistift und Lineal nachziehen. Zuerst die farbigen Flächen herausschneiden. Zum Schluß die weißen Flächen. Kartonstege mit der Schere nachschneiden.

Beim Hinterkleben mit buntem Transparentpapier mit den roten und blauen Flächen beginnen. Die grüne Blattfläche in zwei oder drei Flächen unterteilen und aufkleben. Bild mit weißem Transparentpapier hinterkleben.

Weihnachtsmann

Nach dem Übertragen des Motivs vom Transparentpapier auf den Karton die geraden Linien mit Bleistift und Lineal nachziehen. Sollen die beiden Seitenflügel später umgeklappt werden, um ein Teelicht dahinter zu stellen, werden die gestrichelten Knicklinien mit Lineal und einem schwarzen Kugelschreiber kräftig nachgezogen. Die Seitenflügel einmal probeweise umschlagen. *(Weitere Anleitung siehe Seite 24/25!)*

Mit dem Messer zuerst die gelbe und die braune Fläche herausschneiden. Es folgen die weißen Mantelsäume, das Gesicht, die roten Flächen und schließlich der Umriß des Weihnachtsmannes. Bei den beiden Seitenflügeln zuerst die grünen Flächen herausschneiden. Mit der Schere die Außenkante des Rahmens ausschneiden.

Aus Transparentpapier die roten, grünen und gelben Flächen ausschneiden und aufkleben. Das Mittelteil und die beiden Flügel jeweils mit einem Stück weißen Transparentpapier hinterkleben. Abschließend das Gesicht aufkleben. Mund und Nase werden ausgeschnitten, die Augen mit einem Locher ausgestanzt.

Weihnachtskrippe

Aus dem Rahmen mit dem Messer zunächst die unregelmäßige Innenfläche herausschneiden. Die Figuren können teilweise mit der Schere ausgeschnitten werden. Begonnen wird mit dem schwierigsten Teil, dem Kind samt Heiligenschein und Strohunterlage. Es folgen die Heiligenscheine von Maria und Josef, wobei zuerst die ovale Innenfläche herausgeschnitten wird. Die Heiligenscheine können eventuell auch extra ausgeschnitten und aufgeklebt werden.
Beim Stern zuerst die Innenflächen herausschneiden. Den Umriß dann mit der Schere ausschneiden.
Auf den mit gelbem Transparentpapier hinterklebten Rahmen den Stern und die Heilige Familie kleben.

Sonnenuntergang

Dieses Transparentbild kann entweder ins Fenster gehängt oder aufgestellt werden, indem man die beiden Seitenflügel umklappt. Damit der Bogen des Rahmens an der Außen- und Innenseite gleichmäßig rund wird, mit dem Zirkel am Mittelpunkt M einstechen und die beiden Halbkreise zeichnen. Die Flächen mit dem Messer herausschneiden. Mit Lineal und Messer die Umschlaglinien für die Seitenflügel anritzen. Das Lineal an die geritzte Linie legen und den Seitenflügel umklappen.
Jeweils drei orangefarbene und drei blaue Transparentpapierflächen ausschneiden und aufkleben. Die Sonne und die Vögel mit einer runden Schere ausschneiden und am Himmel fixieren.

Zwei hungrige Vögel

Zwischen das auf Transparentpapier übertragene Motiv und den Tonkarton das Schneider-Kopierpapier legen und mit Büroklammern bzw. Klebefilm unverrückbar aufeinander fixieren. Mit einem Farbstift oder einem Kugelschreiber die Konturen nachziehen. Zuerst den Rahmen, dann die Vögel und schließlich das Geäst nachzeichnen. Beim Ausschneiden mit den Vögeln beginnen. Es folgen die beiden großen Flächen rund um die Vögel und anschließend die übrigen Flächen sowie der Rahmen.
Beim Hinterkleben zuerst das rote und das weiße Transparentpapier aufkleben. Das grüne Laubwerk am besten in drei oder vier Flächen unterteilen. Auch die gelbe Fläche nicht als ein Stück ausschneiden. Das Grün des Nests als ein Teil aufkleben. Die Augen mit dem Locher ausstanzen und aufkleben.

Abendstimmung

Hier spielt es keine Rolle, welche Flächen zuerst mit dem Messer herausgeschnitten werden. Den See blau und den Himmel gelborange hinterkleben. Die runde Sonnenscheibe aus orangerotem Transparentpapier ausschneiden und zusammen mit den beiden Vögeln von vorne aufkleben.

An der Futterkrippe im Winterwald

Nach dem Übertragen auf Karton die Umschlaglinien der Seitenflügel mit dem Messer leicht anritzen und umknicken.
Beim Ausschneiden mit den später gelb hinterklebten Flächen beginnen. Es folgen die Tiere, die Tannen, dann das Dach und schließlich der Himmel.
Die gelben und die blauen Transparentpapierflächen zuerst aufkleben.
Die Tieraugen mit dem Stechzirkel oder einer Vorstechnadel einstechen.

Winterlandschaft

Dieses breite Fensterbild läßt sich ohne viel Aufwand in eine runde Laterne umbauen. Dazu werden die beiden senkrechten Außenkanten aufeinandergeklebt. Wer sich beide Möglichkeiten offenhalten will, verwendet einfach zwei Büroklammern – eine wird von oben, die andere von unten über die beiden überstehenden Seitenstreifen gesteckt. Die Laterne wird über ein breites brennendes Teelicht gestellt. Zum Anzünden und Löschen des Teelichts die Laterne abnehmen.

Die Landschaft besteht aus zwei fast identischen, seitenverkehrten Einzelmotiven, die durch Bäume eingerahmt werden. Zuerst die Flächen, die später braun hinterklebt werden, ausschneiden. Es folgen die blauen und schließlich die weißen Flächen. Dabei stets von der Mitte nach außen hin arbeiten.

Beim Hinterkleben mit Transparentpapier mit den braunen und den blauen Flächen beginnen.

Und so sieht die Winterlandschaft auf der vorhergehenden Seite als Laterne aus.
Die beiden Seitenstreifen überlappen sich um 1 cm; an der Ober- und Unterseite werden sie jeweils mit einer Büroklammmer zusammengehalten.
Auf diese Weise können Sie aus der Laterne jederzeit wieder ein Fensterbild machen.